CATALOGUE
DE
Peintures et d'Estampes
JAPONAISES
KAKÉMONOS, ALBUMS, PIÈCES DÉTACHÉES

ET

d'Objets d'Art du Japon

POTERIE ET CÉRAMIQUE

BRONZES, GARDES DE SABRE, KODZOUKAS, INROS ET BOITES EN LAQUE, MASQUES NETZKÉS, STATUETTES BOUDDHIQUES, ETC.

PROVENANT DES

Collections de MM. LABAT et FOUCAUX

VENTE A L'HOTEL DES COMMISSAIRES-PRISEURS

RUE DROUOT (SALLE N° 10)

Les Jeudi 27 et Vendredi 28 Décembre 1894

A DEUX HEURES PRÉCISES

EXPOSITION, MÊME SALLE

Le Mercredi 26 Décembre 1894

DE 2 HEURES A 5 HEURES

Me Maurice DELESTRE	M. Ernest LEROUX
Commissaire-Priseur	Libraire-Expert
27, RUE DROUOT, 27	28, RUE BONAPARTE, 28

PARIS
ERNEST LEROUX, ÉDITEUR
28, RUE BONAPARTE, 28

1895

CATALOGUE
DE
Peintures et d'Estampes
JAPONAISES
KAKÉMONOS, ALBUMS, PIÈCES DÉTACHÉES

ET

d'Objets d'Art du Japon

POTERIE ET CÉRAMIQUE

BRONZES, GARDES DE SABRE, KODZOUKAS, INROS ET BOITES EN LAQUE, MASQUES

NETZKES, STATUETTES BOUDDHIQUES, ETC.

PROVENANT DES

Collections de MM. LABAT et FOUCAUX

VENTE A L'HOTEL DES COMMISSAIRES-PRISEURS

RUE DROUOT (Salle nº 10)

Les Jeudi 27 et Vendredi 28 Décembre 1894

A DEUX HEURES PRÉCISES

EXPOSITION, MÊME SALLE

Le Mercredi 26 Décembre 1894

DE 2 HEURES A 5 HEURES

Mᵉ Maurice DELESTRE
Commissaire-Priseur
27, RUE DROUOT, 27

M. Ernest LEROUX
Libraire-Expert
28, RUE BONAPARTE, 28

PARIS
ERNEST LEROUX, ÉDITEUR
28, RUE BONAPARTE, 28

1895

ORDRE DE LA VACATION

Jeudi, 27 Décembre	1 à 70
— —	158 à 309
Vendredi, 28 Décembre.	71 à 157
— —	310 à 421

CONDITIONS DE LA VENTE

La vente sera faite au comptant.

Les adjudicataires payeront cinq pour cent en sus des enchères, applicables aux frais.

M. Ernest Leroux se chargera des commissions des personnes qui ne pourront assister à la vente.

TABLE DU CATALOGUE

PREMIÈRE PARTIE

Objets d'art japonais

Pages.

Poterie et Céramique 1
Objets divers. 6
Bronzes 6
Anneaux et bout de sabre du xviie et du xviiie siècle 6
Gardes de sabre du xviie siècle 6
Kokzoukas du xviie et du xviiie siècle 7
Inros en laque 8
Masques anciens 8
Netzkés 8
Statuettes bouddhiques 8
Foukousas 9
Peinture d'Hokusai 9
Kakémonos 9

DEUXIÈME PARTIE

Estampes japonaises

Harounobou 11
Torii Kiyonaga 12
Shounsho 12
Shounyei 12
Bountscho 12
Shountscho 12
Yeishi 13

Pages.

Kikougawa Yeizan 13
Outamaro 13
Sharakou 15
Koriousaï 15
Toyohiro 15
Toyokouni 16
Hokusai 16
Kounisada 17
Kouniyoshi 17
Hokkei 18
Yanagawa Shighénobou 18
Gakoutei 18
Shounman 19
Sourimonos 19
Divers 20
Lot d'albums et d'estampes 20
Série de grandes estampes en format kakémono 21

TROISIÈME PARTIE

Kakémonos 23
Makimonos 24
Dessins et peintures 24
Photographies 25
Albums japonais 25

- Soukenobou 25
- Shounsho 25
- Toyokouni 26
- Hokusai 26
- Hiroshighé 26
- Kounisada 27
- Atelier des Outagawa 28
- Sourimonos 28

Estampes 29

- Estampes de grand format 29
- Estampes diverses, montées sur carton 30

PREMIÈRE PARTIE

OBJETS D'ART JAPONAIS

Poterie et Céramique

1. Tube carré bleu et blanc, décor dragons et paysage. — Vase jaune, Yérakou. — Salière brune.
2. Personnage polychrome. — Corne, porte-bouquet.
3. Godet à eau, g. Yatsoushiro. — Porte-bouquet, Kioto.
4. Porte-bouquet, Owari. — Godet à eau, Kishiu.
5. Tube violet turquoise. — Tube violet, Kioto.
6. Brûle-parfum vert. — Tshaïré cabossé, g. Coréen. — Tube bambou tressé.
7. Flacon jaune. — Vase tourné pointillé. — Tasse à saké.
8. Rocher, Bizen vert. — Jardinière suspension, biscuit gravé.
9. Panier foncé. — Dessus de bouilloire, Kioto.
10. Demi-œuf. — Vase ajouré. — Théière mate.
11. Tube rond. — Tube carré. — Théière marbrée.
12. Théière, singe. — Double tube, lapin. — Pot coupé, céladon.
13. Porte-bouquet pointillé. — Porte-bouquet pointillé.
14. Porte-bouquet bambou jaune. — Bouteille crème, fleurs.

15. Boîte, fruit, marron, guêpe. — Socle.

16. Flacon, Owari. — Flacon brun, cheval blanc.

17. Vase couleur bronze thé. — Gourde jaune.

18. Tronc d'arbre. — Porte-bouquet, Owari.

19. Flacon, Koutani. — Flacon, Kioto.

20. Gourde marbrée. — Vase turquoise, reliefs.

21. Flacon, Kioto. — Flacon vert.

22. Vase grenade. — Bouilloire, g. Mishima.

23. Canard polychrome. — Porte-bouquet, lapin. Bizen. — Pot, coulée verdâtre.

24. Vase cabossé, coulées blanches. — Petit porte-bouquet, g. Yatsoushiro. — Masque.

25. Vase, Kutani. — Porte-bouquet marbré brun.

26. Flacon, enfant sur bœuf brun. — Bouteille, Hizen, polychrome. — Rocher brun, coulées vertes.

27. Jardinière, g. Mishima. — Vase rouge, oiseaux, profils noirs.

28. Vase rouge coulé. — Vase brun, anses guêpes.

29. Flacon, Owari. — Gros vase, chimère gueule ouverte.

30. Gros vase, à trois petites anses. Séto.

31. Gourde brun. Rokoubie.

32. Bouteille surbaissée. Owari.

33. Bouteille allongée, coulée verte.

33 *bis*. Vase forme gourde sans col, brun coulé.

34. Pot couvert, forme fruit, vert et jaune côtelé.

35. Porte-bouquet, chimère, blanc, porcelaine.

36. Vase allongé brun, couleur blanc verdâtre.

37. Vase allongé, coulées blanches et brunes.

38. Pot brun, coulées blanches.

39. Pot, grasses coulures sur brun.

40. Bouteille grise, parallèles en blanc.

41. Vase piriforme, coulées bleues.

42. Couronne à deux feuilles.

43. Vase à zones parallèles gravées.

44. Gourde noire, coulées blanches.

45. Vase à large bord plat, brun.

46. Jardinière à zones parallèles café au lait.

47. Bouteille fond plat, coulées vertes.

48. Pot brun.

49. Pot d'Agano brun, gouttelettes blanches.

50. Vase à bord plat, coulées blanches.

51. Bouteille à bec brun, coulées métalliques.

52. Tube hexagonal gris, caractères chinois.

53. Bouteille bleu pâle coulée.

54. Bouteille rouge, coulée foncée.

55. Tube noir, ornements verts.

56. Vase gris, coulées blanches.

57. Jardinière jaune, fleurs blanches, signée Kenzan.

58. Aigle, Takatori (un morceau d'arbre manque).

59. Coq et poule. Bizen.

60. Personnage pansu appuyé sur chimère.

61. Groupe d'oies. Bizen.

62. Personnage et enfant.

63. Brûle-parfum, chimère. Bizen. — Hibou sur tronc d'arbre, Takatori.

64. Hoteï, Takatori. — Divinité, pierre de lard.

65. Personnage et enfant. Bizen. — Personnage, biscuit et céladon.

66. Théière brune, Hoteï. — Ours noir assis.

67. Porte-bouquet. Personnage à hotte. Bizen. — Boîte. Personnage et cerf.

68. Boîte. Chat sur balle de riz. — Boîte. Chimère gueule ouverte métallique.

69. Boîte. Canard. Koutani. — Godet à eau, dame de la Cour. Hizen.

70. Petit tube réticulé. — Coquetier. — Petit pot clair de lune. — Petit pot céladon, enfant brun.

71. Petit pot. Séto. — Section de bambou porcelaine. — Chrysanthème. — Godet à eau gravé. — Tasse crème et brun métallique.

72. Petit pot céladon. — Petit pot rond rouge craquelé. — Petit bol à bec, vert et jaune. — Petit bol, chauves-souris.

73. Tasse avec fruit. Kishiu. — Petit pot couvert blanc et bleu. — Godet à eau, écran. Kioto. — Godet à eau, chrysanthème polychrome. — Godet à eau, fruit d'eau, céladon.

74. Petite jardinière basse, verte et marron. — Rond de serviette gris rosaces, g. Mishima. — Petite jardinière jaune et noir.

75. Petit flacon jaune tacheté. — Petite jardinière, bambou, Kioto. — Petite jardinière, arlequin, chimère. — Godet à eau. Kishiu.

76. Jardinière céladon. — Jardinière brune, squelettes blancs. — Godet à eau, g. Mishima. — Godet à eau.

77. Dix Tchaïré.

78. Dix Tchaïré.

79. Dix Tchaïré.

80. Dix Tchaïré.

81. Dix Tchaïré.

82. Bol rose. Rakou.

83. Bol noir. Rakou.

84. Bol rouge craquelé.

85. Bol gris, arbres noirs. — Bol rouge. Rakou.

86. Bol noir.

87. Bol feu. Rakou.

88. Bol aurore. Rakou.

89. Bol Shigaraki difforme.

90. Bol ovale brun.

91. Bol jaune craquelé. — Bol bas, gris, caractères japonais.

92. Bol ovale, décors blancs.

93. Bol jaune.

94. Bol gris.

95. Bol difforme, jaune.

96. Bol jaune brûlé.

97. Bol jaune, nuage blanc.

98. Bol, genre Temmokou, à coulée noire.

99. Bol jaune, navets. Rakou.

100. Bol Mishima.

101. Bol jaune. — Bol jaune, gris.

102. Bol, genre Temmokou.

103. Bol noir, Rakou.

104. Bol jaune.

105. Bol jaune. — Bol Owari.

106. Bol jaune, coulée rose craquelée. — Bol haut, céladon craquelé.

107. Plat de Hizen, rouge et vert.

108. Plat de Hizen, martin-pêcheur, poissons.

109. Plat Kutani, paysage.

110. Plat craquelé, flammé arlequin.

111. Deux carrés à dessins émaillés sur un fond bleu granulé.

112. Un plat à anse, en forme d'écran. Décor de cerfs et biches.

113. Un porte-bouquet en faïence verte.

Objets divers

114. Une petite bouteille en agate.

115. Un petit support en bois sculpté, à dessus de marbre (en morceaux).

Bronzes

116. Une carpe bondissant. Superbe pièce par Sekimin (?) d'Osaka (XVIIIe siècle).

117. Un grand bassin en bronze rouge. Couvercle en bronze ciselé à jour, feuilles de palmier.

118. Un vase de forme cylindrique, à larges bords, décorés d'ornements ciselés et de bordures en grecque.

Anneaux et bouts de sabre

DU XVIIe ET DU XVIIIe SIÈCLE

119. Dix anneaux et bouts de sabre en fer et en bronze ciselés et à incrustations d'or et d'argent. Pièces intéressantes.

Ce numéro sera divisé.

Gardes de sabre

DU XVIe ET DU XVIIe SIÈCLE

120. Vingt gardes en fer, et en bronze jaune, ciselées et découpées à jour (Pièces de choix).

Ces gardes seront vendues séparément.

121. Un poignard. Lame de Ken min (XVIIe siècle), dans une belle gaine, à monture en argent du XVIIIe siècle.

Kodzoukas

DU XVIIe ET DU XVIIIe SIÈCLE

122. Kodzouka en métal laqué. Coq sous la pluie. Belle pièce. Signé : Tsounéyoshi.

123. Kodzouka en bronze doré, tête de diable en relief. Signé : Shozui.

124. Kodzouka, tigre ciselé. Reproduction dans Gonse.

125. Kodzouka en shibouitshi, à incrustations d'argent. Clair de lune. Signé : Nagatsouné.

126. Kodzouka chagriné. Cheval ciselé incrusté d'or. Signé : Yashosika.

127. Kodzouka en shibouitshi. Signé : Gioshikou.

128. Kodzouka. Cigogne à incrustations d'or. Signé : Yasoushika.

129. Kodzouka. Cheval ciselé. Signé : Matsoutoshi.

130. Kodzouka. Cortège de personnages à têtes de rats sous la pluie. Signé : Norikasou.

131. Kodzouka. Branche de prunier fleuri. Signé : Ziotshikou.

132. Kodzouka. Sentokou chagriné. Mouche et araignées. Signé : Yousaï.

133. Kodzouka. Sentokou, à longue inscription incrustée en or. Revers chagriné, avec dieu du bonheur en or. Signé : Naotshika.

134. Kodzouka avec lame. Recto en or ciselé et incrusté. Revers chagriné, libellules.

Inros en laque et divers

135. Inro, en laque d'or. Grue et roseaux. Très belle pièce.

136. Inro, en laque d'or. Décor de caractères chinois de forme antique.

137. Inro, en laque noirâtre. Vol d'oiseaux.

138. Inro, en bois laqué. Cigognes picorant.

139. Une boîte ovale, en laque, décorée de chrysanthèmes. Intérieur en laque aventurine. Belle pièce de Toyo.

140. Une petite boîte triangulaire en laque d'or, à fleurs.

141. Une boîte à thé en laque noire, à décor de chrysanthèmes. Couvercle en argent ciselé, même décor.

Masques anciens

142. Masque. Déesse Okamé.

143. Masque. Diable.

144. Masque. Oni.

Netzkés

145. Trois netzkés en bois. Pièces anciennes. — Un personnage avec un masque. — Un rat grignotant. — Un masque.

Statuettes bouddhiques

146. Grand Bouddha dans l'attitude de la prière, sous un dais. Bronze doré. Hauteur : 80 centimètres.

147. Bouddha en prière. Statuette en bronze. Hauteur : 27 centimètres.

148. Statuette accroupie de Kwan-non en bronze.

149. Ganésha, le dieu à tête d'éléphant. Statuette en pierre.

150. Diverses statuettes bouddhiques, en bronze et bronze doré. Trois pièces.

151. Deux petits vases d'autel en bronze.

Foukousas

152. Des cigognes près d'une tige de bambou, brodées sur soie verte. Grande pièce encadrée.

153. Une branche de prunier en fleurs, peinte sur soie blanche. Grande pièce encadrée.

154. Un dragon dans les nuages. Peinture à l'encre de Chine sur soie blanche. Encadré.

Peinture d'Hokusaï

155. Une tortue. Intéressante peinture sur soie, dans un encadrement japonais.

Kakémonos

156. Un grand Kakémono, sur soie, représentant une famille de cinq singes jouant dans les branches d'un prunier en fleurs. Très belle pièce, portant la signature So-sen et son cachet.

157. Un large Kakémono, sur soie, représentant sept cigognes blanches. Belle pièce, avec signature et cachet.

DEUXIEME PARTIE

ESTAMPES JAPONAISES

HAROUNOBOU

158. Les bulles de savon. Une femme et un petit garçon.

159. Jeune mère assise près de sa fille feuillette un livre d'images.

160. Les petits pêcheurs. Deux enfants au bord de la mer.

161. Les trois espiègles culbutant un vase dont le liquide noir se répand à terre.

162. La neige. Une femme et deux petites filles travaillant à la confection d'un chien en neige dans la campagne.

163. Deux jeunes femmes cueillant des roseaux au bord de la rivière.

164. La partie de volant.

165. Le palanquin. Deux personnages.

166. Le jeu de mains. Scène à trois personnages. Jolie pièce.

167. Un petit garçon arrangeant la chevelure de sa mère. Scène d'intérieur à trois personnages.

168. Un pèlerin agenouillé devant des dames.

169. Une jeune femme traverse une rivière, portée sur une légère tige de roseau. Son joli costume rose flotte élégamment. Charmante composition. Tirage à gaufrures. Excellente pièce, fort rare.

170. La lavandière. Une femme plonge dans la rivière une longue pièce d'étoffe. Son petit garçon, dans l'eau jusqu'aux genoux, va pêcher à l'aide d'une petite nasse.

171. La coiffure. Scène à deux personnages, dans un élégant intérieur.

172. Une jeune femme grimpe à une échelle pour atteindre une branche de prunier en fleurs. Elle montre à nu ses jambes. Au-dessous d'elle un gros bonhomme regarde dans un puits dont l'eau lui sert de miroir. Format Kakémono.

TORII KIYONAGA

173. Deux dames et un petit garçon au bord de la rivière. Elles font un geste d'adieu. Gracieuse composition de grand format.

174. Trois jeunes femmes dans un intérieur.

SHOUNSHO

175. Un acteur de Nô en costume de guerrier, robe rouge à dessins géométriques et masque bizarre.

176. Une jeune femme debout, les jambes nues. Elle porte un linge dont elle retient l'extrémité entre ses dents. Gracieuse composition.

SHOUNYEI

177. Deux portraits d'acteurs sous des branches d'arbres fleuries.

BOUNTSCHO

178. Portrait d'acteur dans un rôle de femme. Charmante pièce de format étroit.

SHOUNTSCHO

179. Un Chinois au Yoshiwara. Scène à cinq personnages.

180. La promenade des nouvelles toilettes. Deux courtisanes et leurs suivantes.

181. Acteur et dames dans la campagne.

YEISHI

182. Deux femmes et un enfant qui jouent avec un petit chien. Fond de paysage en grisaille. Belle pièce de grand format.

183. Un poète préparant son écritoire. Scène à quatre personnages au Yoshiwara. Pièce de grand format. Excellent tirage.

184. Le beau pêcheur de coquillages et trois jeunes femmes au bord d'une rivière.

185. Un acteur accosté dans la rue par des courtisanes.

KIKOUGAWA YEIZAN

186. Suite de six belles planches montées en makimono à couverture de soie. Chaque pièce représente une mère avec un enfant. Cette série intéressante, à comparer avec les sujets maternels d'Outamaro, est en très beau tirage sur papier fort.

OUTAMARO

BELLE SÉRIE DE PIÈCES DE GRAND FORMAT, MONTÉES SUR CARTON

187. Le coucher. Une femme attachant la moustiquaire à travers laquelle on distingue sa compagne accroupie.

188. Une mère faisant faire pipi à son petit garçon. Belle pièce de grand format.

189. La lanterne magique. Deux courtisanes regardant des ombres chinoises.

190. Portrait en buste d'une courtisane, sur fond blanc.

191. Scène du matin au Yoshiwara. Deux courtisanes vues en buste.

192. La confidence. Une courtisane et une petite fille.

193. Une terrasse dans un jardin. Trois femmes, dont une vue en transparence derrière un store.

194. La chasse au faucon. Un jeune prince et deux dames dont l'une tient son sabre et l'autre le faucon.

195. Deux femmes et un petit garçon sous un saule.

196. Deux femmes et une petite fille sur le quai de la Soumida pendant une fête de nuit.

197. La tisseuse. Une femme, à son métier, se retourne vers une compagne qui lui montre une pièce d'étoffe.

198. Deux femmes jouant avec un petit garçon qui essaie ses premiers pas.

199. Préparatifs de fête. Quatre jeunes femmes au Yoshiwara.

200. Duo de koto et de shamisen. Trois jeunes femmes en charmants costumes roses. Très jolie pièce.

201. Le colin-maillard. Une mère et deux petits garçons.

202. Une jeune femme retenant son amant et lui serrant les poignets.

203. Une mère et son petit garçon qui attrape un poisson rouge dans un baquet.

204. Jeune femme s'arrangeant les sourcils. Beau portrait en buste, d'une exécution soignée.

205. Deux jeunes femmes tenant des pelotes de soie. L'une d'elles casse le fil entre ses dents.

206. Deux courtisanes, en buste. Chevelures très soignées.

207. La coiffure. Deux femmes.

208. Deux femmes et un petit garçon près d'un carrosse.

209. Le vieux galant. Un Samouraï qui lutinait trois jeunes femmes tombe sur le dos en faisant une vilaine grimace.

210. Un jeune homme jouant de la flûte et une marchande agitant un instrument à grelots.

211. Le saké. Trois femmes paraissant avoir fait abus de la fameuse liqueur.

212. Une courtisane debout lisant. Près d'elle trois jeunes filles accroupies.

213. Une femme serrant autour de son poignet une cordelette dont elle tient une extrémité entre les dents.

214. Deux jolies petites pièces de format carré. Une cuisinière et une coquette se peignant les dents devant son miroir.

215. Jeune femme arrangeant des arbustes. Petit sourimono oblong.

216. Une mère débarbouillant son petit garçon dans un baquet.

217. Une femme nouant sa ceinture. Beau portrait en buste. Pièce excellente, d'une exécution très soignée.

218. L'éducation d'une guésha. Trois femmes et une petite fille dans un intérieur. Pièce rare.

219. Groupes de guéshas. Trois pièces.

220. Deux portraits en buste de courtisanes. Charmantes pièces de petit format carré.

221. Deux sourimonos de petit format. Pièces fort rares (Voy. de Goncourt, Outamaro).

222. Un Kakémono représentant deux courtisanes et un jeune homme. Peinture portant la signature d'Outamaro.

SHARAKOU

223. Portrait d'acteur en costume noir. Belle pièce à fond micacé.

KORIOUSAI

224. Le Shamisen. Scène à deux personnages dans un intérieur, format carré.

TOYOHIRO

225. Sourimono carré représentant des pousses de pins. Pièce fort rare.

On sait qu'il n'existe que fort peu de sourimonos de ce grand artiste.

TOYOKOUNI

226. Quatre jeunes femmes sur une terrasse au bord de la mer. Belle pièce de grand format rappelant le style de Kiyonaga.

227. Papillons et chrysanthèmes. Pièce de grand format.

228. Quatre jeunes femmes près d'un brasero. Une chante, accompagnée par une amie sur son tambourin. Une autre s'ajuste devant un miroir. La quatrième se chauffe les mains. Pièce de grand format.

229. Les blanchisseuses. Deux jeunes femmes tendant une longue pièce d'étoffe rose qui coupe en deux la composition. Fond de paysage, avec le cours sinueux d'une rivière.

230. Promenade nocturne. Une dame et sa suivante portant une lanterne. Curieux effet de lumière et d'ombre.

231. Un acteur en femme. Jolie pièce oblongue dans le style de Shouncho.

232. La promenade du jeune prince. Longue composition montée en makimono à couverture de soie. C'est un défilé de 25 femmes aux élégants costumes escortant un petit prince monté sur un cheval superbe. La masse du Foudji occupe le fond de la composition. Exemplaire en très beau tirage.

233. Un acteur terrassant un tigre. Sourimono carré à fond bleu.

234. Jeunes femmes devant des boutiques éclairées de lanternes roses. Belle pièce de grand format.

235. Portrait d'acteur en femme. Pièce étroite, en hauteur.

HOKUSAI

236. Duo de flûte et de Kôto. Sourimono carré. Signé Tameïchi.

237. Des grues sur le rivage de la mer. Très jolie pièce carrée.

238. Vol de cigognes sur le disque rose du soleil. Pièce carrée.

239 Le Foudji vu dans le lointain. Au premier plan les constructions d'un temple et les rives d'un lac. Belle pièce de grand format oblong.

240. Des poupées. Deux sourimonos carrés.

241. Un corbeau emportant dans son vol un grand sabre. Très beau sourimono de format carré.

242. Scènes et personnages. Trois sourimonos carrés d'un beau dessin. Ces pièces seront vendues séparément.

243. Trente-cinq sourimonos de petit format, la plupart d'Hokusaï.

Ce lot important sera divisé à la vente au gré des amateurs.

244. La Mangwa. Volumes I, II, IV, V, VI, XI. Le tome V est de l'édition originale.

245. Un volume d'études d'oiseaux à deux tons.

246. *Ippitsou gwa fou.* Esquisses d'un seul coup de pinceau. Un vol. in-8, gravures à trois tons.

KOUNISADA

247. La promenade de la princesse sur la route du Tokaïdo. Curieuse composition de format oblong. Douze jeunes femmes groupées par deux se détachent sur le fond de l'estampe. Dans le haut, et comme au-dessus d'un mur, on distingue les toits des temples et les cimes élevées des arbres.

248. Un crabe. Sourimono carré. Pièce célèbre, reproduite dans le *Japon* de Gonse. Exemplaire en superbe tirage sur fond brun.

249. Un second exemplaire en beau tirage de la pièce précédente, sur fond bleu (Un peu rogné).

250. Acteurs et scènes de théâtre. Cinq sourimonos en bon tirage.

251. Un personnage encapuchonné marche sur une route couverte de neige. Dans le fond, de l'autre côté de la rivière, on distingue, sous la neige, les maisons d'un village dont la fumée monte en spirale dans le ciel gris.

252. La porteuse d'eau. Beau sourimono.

KOUNIYOSHI, ETC.

253. Musiciennes, acteurs, scènes de drame. Treize pièces.

OKKEI

254. Trois tortues nageant. Sourimono carré.

255. Un casque. Sourimono carré.

256. Dame de la cour. Sourimono carré.

257. Scène à deux personnages dans la campagne. Sourimono carré.

258. La Mangwa d'Hokkei. Belle série de dessins à trois tons. Un volume in-8.

259. Un coq. Beau sourimono carré à gaufrures argentées sur fond blanc. Excellente pièce et fort rare.

260. La courtisane à l'éventail. Très beau sourimono carré, avec un joli paysage terminé par le Foudji.

261. Le joueur de flûte. Sourimono carré sur fond blanc. Belle pièce en parfait état.

262. Les préparatifs du thé. Jolie pièce carrée.

263. Un acteur de Nô en costume de cour. Sourimono carré.

264. Jeune seigneur jouant de la flûte à la porte d'un jardin. Fond gris passant par dégradations successives jusqu'au noir.

265. Un héros combattant un dragon. Beau sourimono à tons brillants sur fond noir.

YANAGAWA SHIGHÉNOBOU

266. Une femme frappant de sa baguette un rocher en forme de chèvre. Beau sourimono carré.

GAKOUTEI

267. Six beaux sourimonos de format carré. Jeunes femmes en superbes toilettes sur un fond dont la tonalité légère laisse aux personnages toute leur valeur. Très belle série.

268. Sept sourimonos. Jeunes femmes se livrant aux différentes occupations artistiques. Charmantes suites de figures se détachant sur un fond rouge à décor géométrique, tirage en gaufrures. État excellent.

269. Une dame donnant la liberté à un oiseau. Beau sourimono carré.

270. Gourde au milieu du feuillage. Sourimono carré à gaufrures et à rehauts métalliques.

271. Deux corbeaux sur le disque rouge d'un soleil couchant. Beau sourimono carré à fond blanc. Pièce excellente et rare.

272. Une courtisane en grand costume. Superbe pièce à gaufrures sur fond brun.

273. Deux tortues. Sourimono carré sur fond blanc.

274. Une dame en grand costume de cour sur une estrade rose. Belle pièce carrée à gaufrures sur fond blanc.

275. Deux sourimonos carrés. Acteurs sur fond d'or dans un encadrement d'argent.

SHOUNMAN

276. Deux porteuses d'eau salée sous un érable au bord de la mer. Belle pièce de grand format oblong (Rare).

277. Des papillons. Beau sourimono carré.

278. Scène de drame dans la campagne. Sourimono carré.

279. Trois sourimonos carrés représentant des boîtes en porcelaine et divers meubles et ustensiles.

SOURIMONOS

280. Une carpe aux reflets argentés. Grand sourimono de format oblong.

281. Une branche de haricots.

282. Huit sourimonos de petit format.

283. Huit sourimonos de petit format.

284. Sept sourimonos de petit format.

285. Une courtisane. Portrait en buste. Beau sourimono de Yeisen.

286. Promenade nocturne. Sourimono de Yeisen.

287. Une boîte blanche et deux tasses noires. Sourimono de Yeisen.

288. Dragon dans les flots. Beau sourimono carré sur fond blanc.

289. Singe sur le dos d'une tortue, au milieu des vagues. Sourimono carré.

290. Une femme assise dans une barque. Sourimono carré.

291. Scène de théâtre. Pièce carrée d'une belle couleur.

292. Cop chantant. Très beau sourimono de format carré. L'animal exécuté en gaufrures à sec, sur fond gris léger, est debout sur un tambour richement décoré.

DIVERS

293. Quatre petites estampes de format oblong. Arbustes et feuillage.

294. Deux perdrix près d'un torrent.

295. Un tronc d'arbre avec fleurs imprimées en gaufrures.

296. Trois albums à couvertures de soie préparés pour recevoir des estampes.

Albums et Estampes

HIROSHIGHÉ

297. Les plus beaux sites de la route du Tokaïdo. Album de 51 planches de format oblong. Tirage ancien excellent.

298. Autre Tokaïdo de plus petit format. Album de 54 planches auxquelles on a ajouté 11 planches représentant des femmes et des acteurs, par Hiroshighé et Toyokouni.

299. Trois planches de la Série des Poissons. Pièces en excellent tirage de ce chef-d'œuvre d'Hiroshighé.

300. Vues sur la route du Kisso Kaïdo. Deux estampes en couleur.

KOUNISADA

301. Le Genzi Monogatari. Album de planches en couleur.

KOUNISADA, KOUNIHOSHI ET AUTRES

302. Acteurs, guerriers, scènes diverses, une quarantaine de planches. Quatre triptyques. Deux planches en couleur et une planche en noir. Scènes de théâtre.

Ce numéro sera divisé.

Série de grandes Estampes décoratives

EN FORMAT KAKÉMONO

KOUNIHOSHI

303. Une jeune femme portant un vase. — Un jeune homme, un faucon au poing. Robe décorée d'armoiries formant une sorte de carrelage varié.

YEIZAN

304. Sept pièces. Jeunes femmes et courtisanes.

305. Six pièces, répétition des précédentes.

306. Six pièces, répétition des précédentes.

307. Cinq pièces, répétition des précédentes.

308. Quatre pièces, répétition des précédentes.

309. Jeune femme debout et lisant. Plusieurs exemplaires.

TROISIÈME PARTIE

Kakêmonos

310. Coq et poule. Kakémono de grand format.

311. Grande divinité Bouddhique. Impression en blanc sur fond noir. Beau kakémono chinois.

312. Aigle planant au-dessus d'un petit singe blotti dans l'anfractuosité d'un rocher. Peinture à l'encre de Chine sur soie.

313. Un renard blanc. Peinture sur soie à l'encre de Chine dans une superbe monture en soie bleue. Belle pièce de grand format.

314. Oiseau sur un arbre en fleurs. Belle peinture sur soie d'un effet très décoratif.

315. Paysage montagneux. Au premier plan une rivière dans laquelle nagent des tortues.

316. Un singe et son petit sur une branche d'arbre.

317. Des oies sauvages sur un terrain neigeux. Dans le ciel, deux oies volant vers la terre.

318. Éventail représentant des hirondelles voletant parmi des saules. Très belle pièce montée sur soie bleue en kakémono.

319. Deux canards. Large kakémono.

320. Une troupe de singes. Kakémono de Sosen représentant une vingtaine de singes gambadant au milieu d'un arbre au-dessous duquel coule un torrent. Beau kakémono monté sur soie bleue dans laquelle on a brodé des petits oiseaux en soie noire.

321. Un aigle sur son perchoir. Peinture en grisaille sur soie.

Makimonos

322. Long makimono de grand format, représentant des oiseaux peints en grandeur naturelle. Un faisan doré et sa poule, un coq blanc et sa poule; des casoars à casque, des grues, des canards, une oie, des dindons, d'une exécution assez fine. Le makimono se termine par la peinture d'un vaisseau hollandais décoré de son grand pavois et par une jonque chinoise.

323. Les chrysanthèmes au Japon. Long makimono représentant des chysanthèmes disposés dans des cases comme pour une exposition. Les jardins sont agrémentés de pièces d'eau et de grands arbres forment le fond de la composition. Œuvre intéressante.

324. Cortège chinois. Longue procession de personnages, musiciens, soldats, cavaliers, mandarins, porte-bannière, porteurs de chaises, accompagnant un couple princier. Longue peinture à la gouache, mesurant 12 mètres et ne comptant pas moins de 160 personnages.

325. La conquête de la Dzoungarie par les armées de l'empereur Khieng-Long (1755-1760). Suites de 16 grandes planches sur cuivre gravées par les PP. Castiglione et Attiret, montées en un long makimono de grand format.

Dessins et Peintures

326. Études d'oiseaux et de fleurs. Six feuilles peintes et à l'encre de Chine.

327. Études de fruits, de feuillages, d'oiseaux. Six feuilles de dessins coloriés.

328. Fleurs, feuillages et oiseaux. Cinq études peintes.

329. Onze peintures sur soie montées. Oiseaux, poissons et fleurs.

330. Paysage neigeux. Peinture à l'encre de Chine montée sur carton.

331. Courtisanes en promenade. Deux peintures sur soie montées sur carton.

332. Une guésha, les jambes nues dans la neige. Elle est suivie d'un jeune homme qui porte sa boîte et la protège sous son parapluie.

333. Un jeune homme, en costume de Komosso, debout dans la campagne. Peinture sur soie montée sur carton.

334. Un guerrier. Peinture sur soie avec la signature Hokusaï.

335. Dieux du bonheur. Deux peintures à l'encre de Chine montées sur carton.

336. Paysage montagneux. Étude à l'encre de Chine.

337. Moine bouddhique écrivant sur un rocher. Grisaille. — Un panier de fruits. Grisaille. — Pivoines. Peinture. Trois sujets montés sur un panneau.

338. Chevauchée dans les nuages. Peinture à l'encre de Chine. Encadrée sous verre.

Photographies

339. 37 photographies coloriées de célèbres peintures japonaises.

Ce lot intéressant sera divisé à la vente.

Albums Japonais

SOUKÉNOBOU

340. Scènes de la vie des femmes. Album de 23 planches en noir, format carré.

SHOUNSHO

341. Album factice de 22 planches. Portraits d'acteurs sur éventails. Format carré, couverture en soie.

TOYOKOUNI

342. Scènes au Yoshiwara. 24 planches oblongues sans couverture.

343. Acteurs et scènes de théâtre. Album de grand format.

344. Belle série de portraits d'acteurs et de scènes de théâtre, la plupart formant triptyque, réunies en un album de grand format.

345. Autre album analogue.

346. Autre album d'acteurs.

HOKUSAI

347. Vues sur la Soumida. Album de 7 planches doubles en couleur.

348. Vues sur le Tokaïdo. Album factice de 22 planches doubles, couverture de soie.

349. Autre série de vues du Tokaïdo. Album de 40 planches en couleur.

HIROSHIGHÉ

350. Yédo Meisho. Les plus belles vues de Yédo et de ses environs. Album de 48 planches en couleur.

351. Gojiu san tsuyé. Album de 54 planches. Tirage moderne.

352. Shokoku. Paysages du Japon. Album de 68 planches. Tirage moderne.

353. Vues du Tokaïdo. Album de 54 planches en couleur. Format oblong. Tirage ancien. Couverture de soie.

354. Toto Meisho. Album de 9 planches doubles.

355. Autre Toto Meisho. 15 planches sans couverture. Tirage moderne.

356. Vues sur le Tokaïdo. 56 planches sans couverture.

357. Paysages japonais. Album de 44 planches doubles.

358. Petit Tokaïdo. Jolie suite de 56 planches en un album de format oblong. Couverture de soie.

359. Album de 35 planches, dont 34 paysages et un poisson rose, en tirage ancien.

360. Le grand Tokaïdo. 55 planches de grand format oblong en tirage ancien. Album in-4 oblong. — Paysages, intérieur de théâtre, etc., par Hiroshighé et divers.

361. Les plus beaux sites des environs de Yédo. Album de 54 planches, format oblong.

362. Roku ju meisho dzu yé Inawa. 67 planches de grand format en bon tirage.

363. Gojiu san tsuyé. Album de 68 planches en couleur de grand format.

364. Foudji yama san jiuroku. Les vues de Foudji. Album de 36 planches de grand format.

365. Meisho Yédo hiakkei. Album de planches en couleur de grand format.

366. Yédo Meisho. Album de 30 planches en couleur de grand format.

367. Suite de paysages montés bout à bout en deux makimonos.

KOUNISADA

368. Illustrations du Genzi Monogatari. Album de grandes planches en couleur, format oblong.

369. Portraits d'acteurs, scènes de théâtre, scènes diverses, par Kounisada et Kouniyoshi. Album de grand format.

370. Acteurs et scènes de théâtre. Album de grand format.

371. Acteurs et scènes de théâtre. Album de grand format.

372. Le Genzi Monogatari. Planches en couleur. Album de format oblong.

373. 36 compositions de Kounisada et de Kouniyoshi.

ATELIER DES OUTAGAWA

374. Portraits d'acteurs. Album de 160 planches de grand format.

375. Portraits d'acteurs et compositions en triptyques de petit format, par Sadatora Yoshitora, en un album de format carré.

SOURIMONOS

376. Huit sourimonos de Gakouteï et d'Hokkeï, montés sur carton.

377. Six sourimonos montés de Gakouteï et d'Hokkeï.

378. Six sourimonos montés d'Hokkeï, de Gakouteï, de Yanagawa Shighénobou.

379. Six sourimonos montés, par Hokkeï, Gakouteï, Kounisada, etc.

380. Dix sourimonos et une estampe, par divers.

381. Huit sourimonos et estampes, par Hokkeï et divers.

382. Un vase blanc à décor bleu sur un plateau rouge. Sourimono de grand format monté sur carton.

383. Arbustes et papillons. Grand sourimono monté sur carton.

384. Oiseaux effrayés par des cliquets protégeant des fleurs. Sourimono de grand format monté sur carton.

385. Un sourimono poisson et deux estampes. — Scène de chats et un pin.

386. Album de 10 sourimonos, la plupart de l'École de Kioto.

387. Sourimonos, grotesques, portraits d'acteurs, etc. 24 pièces en un album de petit format.

388. Grotesques. 70 petites compositions pleines de mouvement et d'humour en un album de grand format.

389. Trois albums de sourimonos de Kioto.

Estampes

ESTAMPES DE GRAND FORMAT

390. Deux femmes en causerie par Yeisho. Pièce en format Kakémono montée sur panneau.

391. Deux femmes. Belle pièce en format Kakémono montée sur carton.

392. Benkei et le jeune Yoshitsouné à cheval. Estampe de Koriousaï en format Kakémono montée sur panneau.

393. Scène maternelle. Deux femmes et un enfant. Par Outamaro. Pièce de grand format en forme d'éventail montée sur châssis.

394. Le cauchemar de Yoritomo, célèbre triptyque de Kouniyoshi monté sur panneau.

395. La promenade devant le Foudji. Une dame à cheval escortée de deux groupes de personnages. Triptyque d'Outamaro monté sur carton.

396. Les teinturières. Gracieux diptyque de Toyokouni monté sur panneau

397. Intérieur d'un théâtre pendant la représentation d'un drame. Intéressant triptyque de Toyokouni non monté.

398. Les pêcheuses d'awabi. Triptyque de petit format par Kounisada. Au milieu une grande barque avec les femmes n'ayant pour costume qu'un grand pagne rouge serré aux reins. A gauche une terrasse d'où plusieurs dames assistent à la pêche.

399. Guerriers et cavaliers se poursuivant à la nage au milieu des flots. Grand triptyque de Kouniyoshi.

ESTAMPES DIVERSES MONTÉES SUR CADRE

Ces numéros pourront être divisés à la vente, suivant le désir des acheteurs.

400. Sept estampes par Shounsho, Koriousaï, Outamaro.

401. Deux estampes, Outamaro. Deux courtisanes jouant avec une poupée d'acteur. — Yeishi. Deux courtisanes.

402. Huit estampes, par Kouniyoshi, Hokoujiou.

403. Cinq estampes par Toyo Kouni, Hiroshighé, Outamaro, etc.

404. Quatre estampes de Yeishi.

405. Six estampes d'Outamaro, Yeishi, etc.

406. Six estampes d'Hokusaï et Hiroshighé.

407. Cinq estampes d'Hiroshighé et deux sourimonos.

408. Cinq estampes d'Hokusaï et Hiroshighé.

409. Quatre estampes d'Harounobou et autres artistes.

410. Deux estampes de Shunsho.

411. Six pièces d'Outamaro et autres.

412. Quatre pièces de Toyokouni, Outamaro et Hokoujiou.

413. Cinq estampes d'Outamaro.

414. Trois estampes par Outamaro.

415. Trois estampes par Outamaro, Koriousaï, etc.

416. Six estampes par Yeishi, Koriousaï et Outamaro.

417. Diptyque d'Outamaro.

418. Quatre estampes. Yeishi et divers.

419. Sept estampes. Hiroshighé et divers.

420. Cinq estampes. Hokusaï et Hiroshighé.

421. Six estampes. Outamaro, Hiroshighé.

422. Cinq estampes. Hiroshighé et Hokusaï.

423. Cinq estampes. Hiroshighé et divers.

424. Cinq estampes, portraits d'acteurs par Shounsho et Shounko.

425. Quatre estampes, portraits d'acteurs par Shonnsho et Toyo-Kouni.

426. Trois estampes, Yeishi et Outamaro.

427. Deux estampes Yeishi.

428. Quatre estampes. Outamaro et divers.

429. Quatre estampes. Vues du Foudji d'Hokusaï.

Paris. — Typ. Chamerot et Renouard, 19 rue des Saints-Pères. — 31900.

Typ. Chamerot et Renouard, 19, rue des Saints-Pères. — 31900

www.ingramcontent.com/pod-product-compliance
Ingram Content Group UK Ltd.
Pitfield, Milton Keynes, MK11 3LW, UK
UKHW021931190726
13853UKWH00002B/986

9 782329 609911